U0046177

New window 新視野31

高寶書版集團

CONTENTS

關係圖大解析

http://www.orangepark.idv.tw/
http://blog.sina.com.tw/milktea/
http://www.wretch.cc/blog/orangepark

奶茶 ♀

寵物

椰果 ♀

傭人

傭人

傭人

媽

表妹

K弟

弟弟

kenty

良

奶茶室友

主僕

母 MAYA ♀

好友

子 子 子

♂ ♂ ♀

阿熊 隊長 太妃

Ann

♂ 小寶

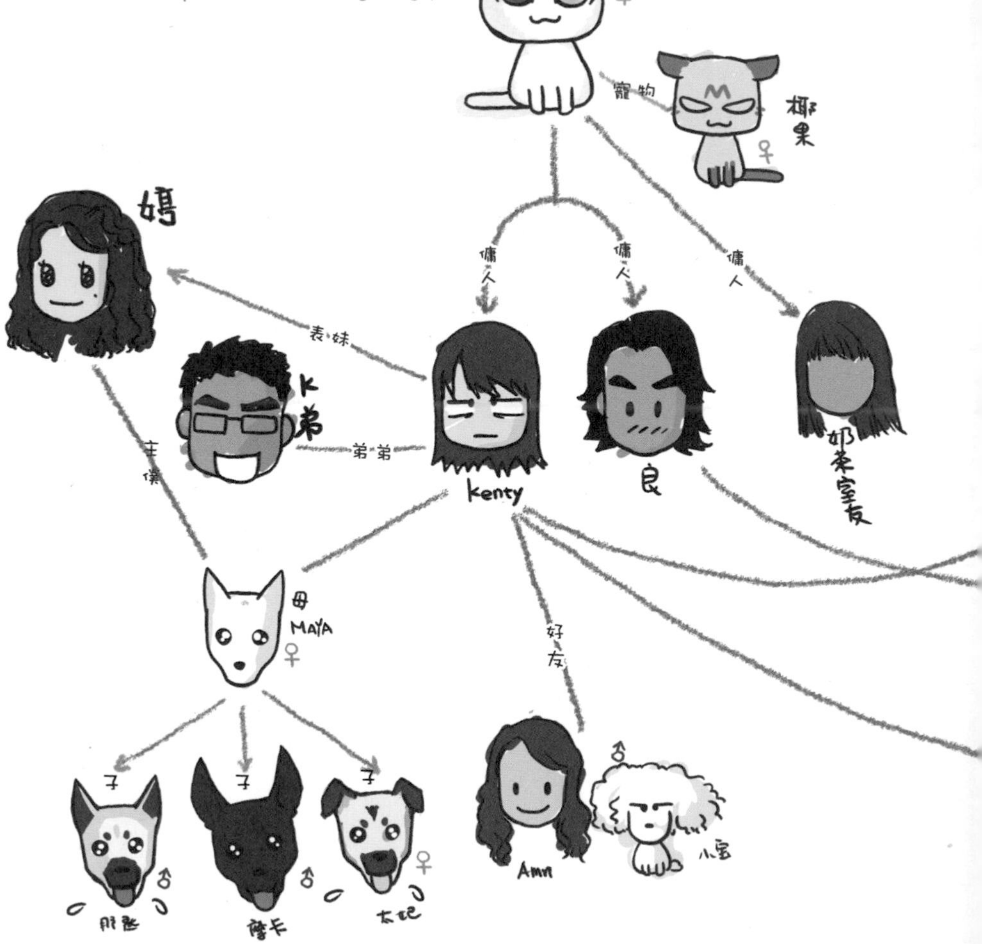

住家附近的街貓
貓友篇
http://hizch.blog40.fc2.com/
Tovis Diary
http://blog.sina.com.tw/tovi/
酷
http://blog.sina.com.tw/mycats_2/
北.香.豆.
http://blog.sina.com.tw/baby3cat/
布朗尼蛋糕店
tp://www.wretch.cc/blog/alicebrownie
優格
http://www.wretch.cc/blog/fioleft
小八
http://www.wretch.cc/blog/nasticat99
芝麻
http://blog.sina.com.tw/15771
太陽餅
http://blog.xuite.net/chuju/cat/
花生
http://blog.sina.com.tw/15878/
棉花糖
小美
好友
http://blog.sina.com.tw/fioleft/
姪兒
優
怪
好友
妹妹
http://blog.sina.com.tw/6050/
堂姊
蛋黃

奶茶公主小時候

奶茶小時候

奶茶與小白象

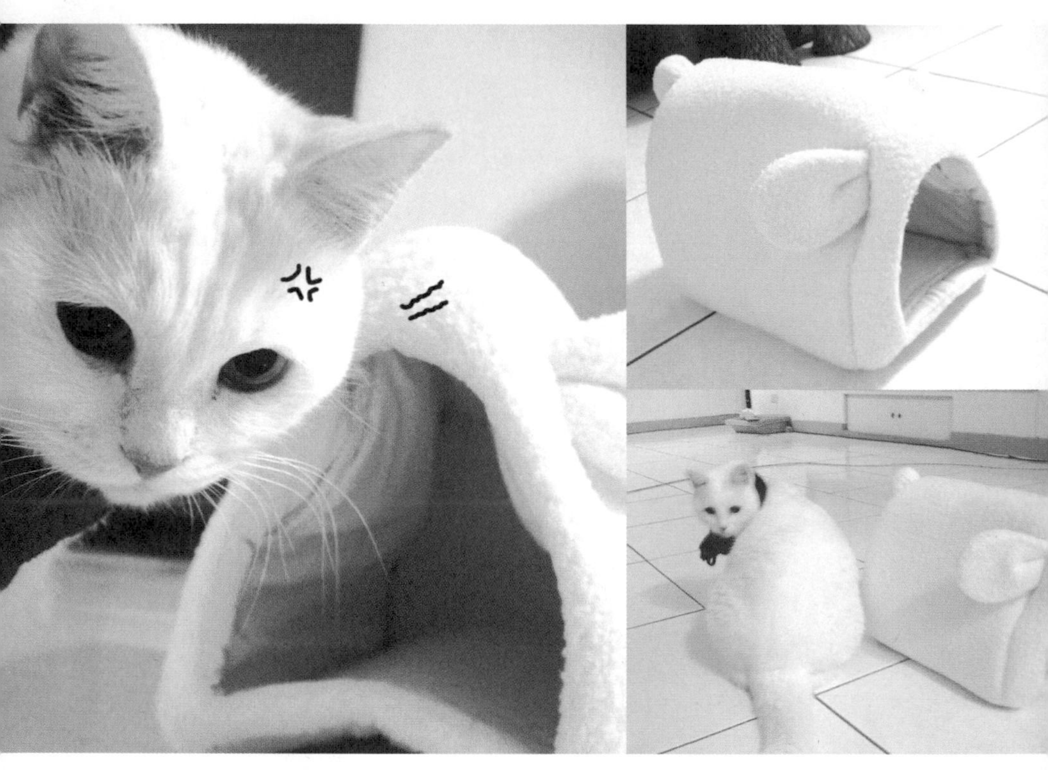

大家好，向大家介紹僕人Kenty買給我的貓屋...

今天Kenty去逛街逛一下午，

就給我買了這個東西回來。

一回來就叫我趕快試用看看...

不過，我一看就覺得不行..

目測一下就知道了嘛！我的屁股都比貓屋大..

怎麼進得去ㄋㄟ？

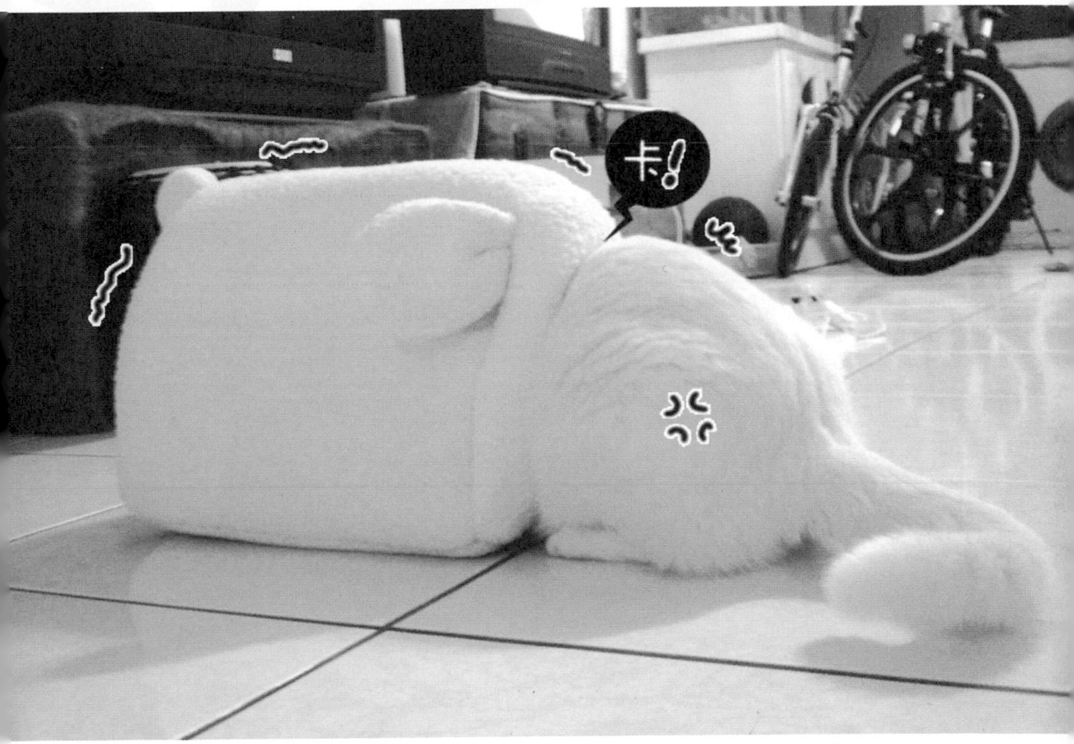

我頭一鑽，到屁股就卡住了，
更不用說躺進去了。
Kenty..你買太小了啦，
說明書上明明說是給兔子用的，
你幹麻買這個啦....你這個敗家女。
買東西也不先問人家喜不喜歡，就亂買。
叫人家試用，自己卻又在那邊說風涼話...
還說我鑽進去的樣子很像小白象... 哼！

奶茶之撲馬大變身...

奶茶公主VS.尤達大師

?

MILKTEA
WARS

奶茶！我跟你說一件事..

其實，你是絕地武士的
最後傳人，維護世界和
平的任務就靠你啦！

嗯！尤達大師...
你安心的去吧！
我一定會
好好保護地球滴

奶茶：我會變成奶茶大師滴...

奶茶不愛"蛛蛛人"

Kenty的血淚控訴

奶茶因為常常『跟無到陣』，
有一天竟然趁我們不在家的時候，
對我的蜘蛛人玩具施以毒手...，
當我們回到家時，看到這一幅景象，
有種說不出的感受浮上心頭。
唉...蜘蛛人你安息吧，
你還是比較適合好萊塢那種地方啦，
在這裡，你是鬥不過那種~~
天使臉孔的小惡魔的。

奶茶你說...
這是怎麼一回事...

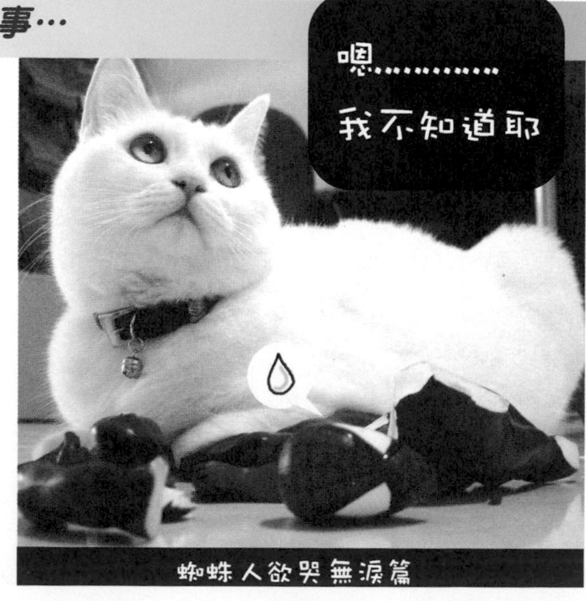

所以呢，
為確保以後我不在家時，
其他的玩具都能平安無事，
我都盡量等奶茶睡著
或是在吃飯時...，
才出門囉。

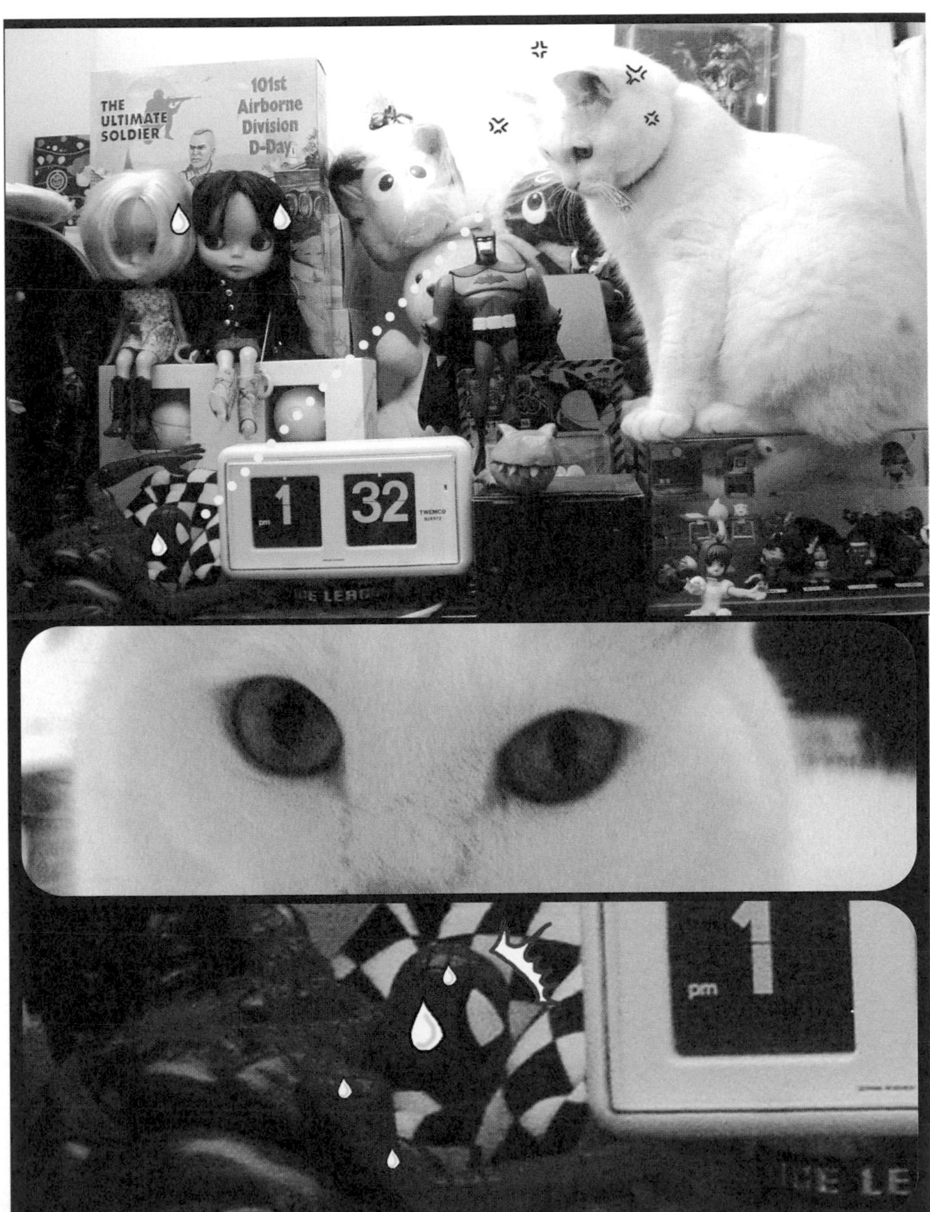
THE ULTIMATE SOLDIER
101st Airborne Division D-Day
pm 1 32
TWEMCO
pm 1

奶茶公仔

Kenty的朋友
奧斯本捏的…

Kenty捏的…
不成氣候…醜醜…

難過…難過

奶茶公仔製作中

先合了一張眼睛上去…

本尊

公仔兩枚

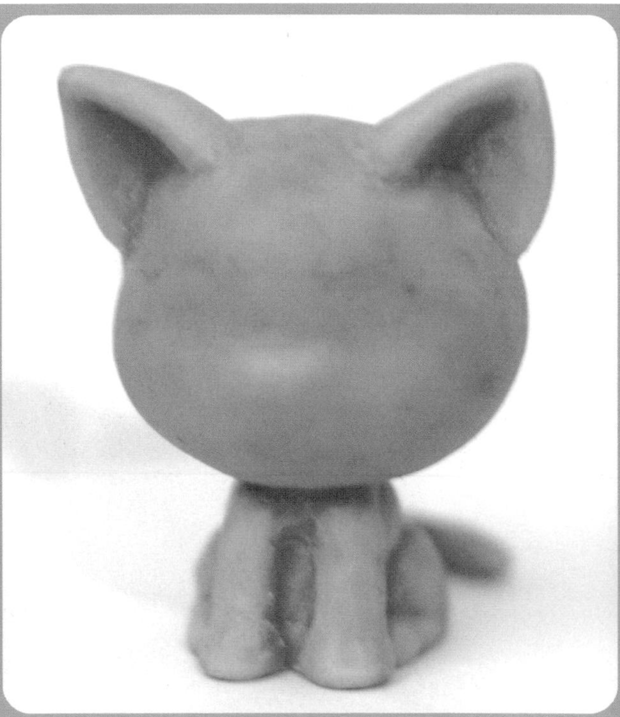

奶茶公主體毛大公開

我...我今天要介紹....我的毛.....
雖然說，身體髮膚受之於父母....
不過，念在Kenty服侍我這麼久的份上
賜她幾根毛也無所謂啦....

ㄎㄛˇ ㄙ一ˋ~~~

kenty：奶茶公主，
請問這樣的力道可以嗎？
會不會太大力啊...
奶 茶：還好啦.... 再左邊一點...

奶茶的體毛大公開

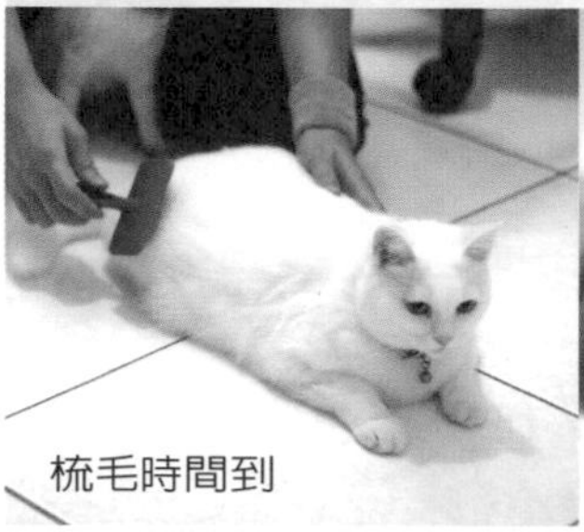

梳毛時間到

只要冷氣開太強了..
奶茶很快就變成御飯團了..
好會捲喔！

奶飯團..搶鮮推出

堅持24保鮮

椰果跟kenty的相遇
喵~
撿到阿果的前一個月，我有撿到一隻貓貓，
把他取名為”麥香”，但是因為麥香太小了，
小小貓不易照顧，7天後，麥香就去當小天使了。
我很難過！還發誓，以後不要再亂撿貓貓回家了。
一個月後的今天，我就跟阿果相遇了。
緣分來啦！
跟阿果的相遇，是在我下班回家的途中。
下班後去買個便當正趕回家要去看csi，
突然，聽見宏亮的貓叫聲！
是誰，是誰在叫我？
kenty就循著喵叫聲衝了過去！
突然！看見巷口的另一頭，有一團白白的東西朝
著我衝過來。
他邊跑邊叫......
我心想：這喵仔肺活量真好，
邊跑邊叫聲音還這麼宏亮，
體力也超好！應該很強壯！就是他了！
這就是緣分啊！
展開我熱情的雙臂歡迎他！我棉回家吧！
喵！
哈！哈！哈！
餓
餓
緣分
食物！

新朋友椰果

椰果 45天 女生

奶 茶：Kenty，妳怎麼又撿貓回來呀？

Kenty：呃…一切都是緣份嘛！只能說春天一到，

小貓就如同雨後春筍到處跑出來了....-_-|||

躲貓貓

過了一陣子，奶茶終於可以比較接受椰果了……
兩隻喵就開始玩起躲喵喵了

不要

奶茶姐姐.....
我們來玩躲貓貓好不好

拜託啦..陪我玩啦。

……好啦。煩死了...

好了...我要開始數囉...
1..2....3......
我要趕快去躲起來。
來抓我！
來抓我！

椰果的煩惱

其實我一直有一個煩惱..

為什麼..我不像
奶茶一樣那麼白...

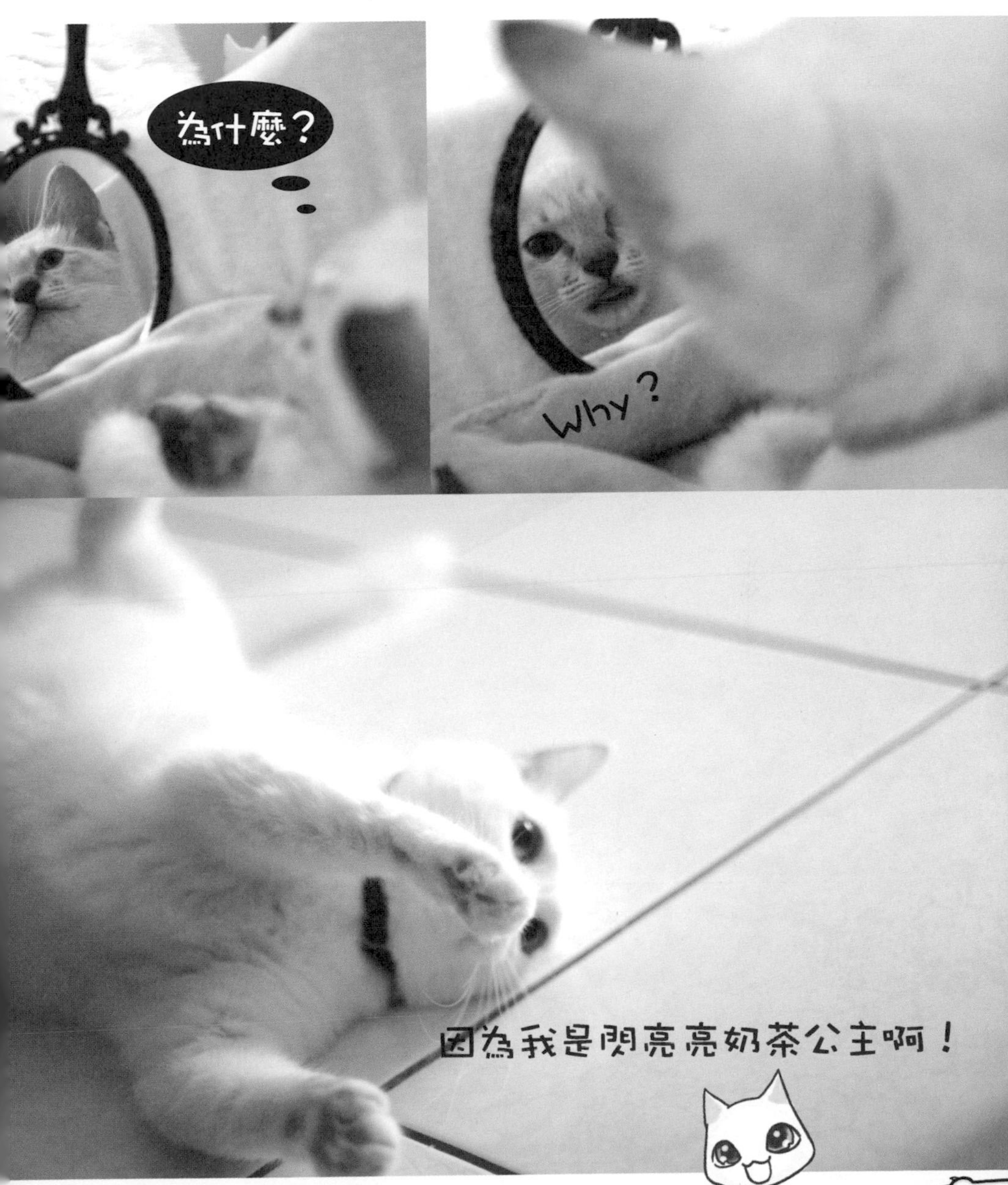
為什麼？
Why？
因為我是閃亮亮奶茶公主啊！

你一定要這麼黏嗎

看到這畫面就很溫馨……

不過，這都是椰果的計策之一……

奶茶.
我跟你睡好不好...
我不要...
我不管！
我要這個
位置啦！

大家好，我是maya，
下面那幾隻是我的笨小孩啦！

kenty：maya 是我去假日花市認養回來的小狗，再怎麼說，maya也算一隻城市狗，不過，帶回kenty老家台南後，每天跟著k爸去田裡工作，卻練得一身打獵的好功夫。

番外篇：摩卡V.S.那提

摩卡v.s.那提
那提
摩卡
呵呵呵....
你怎麼還被綁著阿。
奸笑中.....

噗！拉拉拉...
我要出去玩囉！
怒！
那提！你給我記住
呵呵呵....

沒吃過豬肉也看過豬走路

嘟嘟來....
摩卡親一下..
晃！
晃！
來嘛！快來阿。....

鐵貓運功散

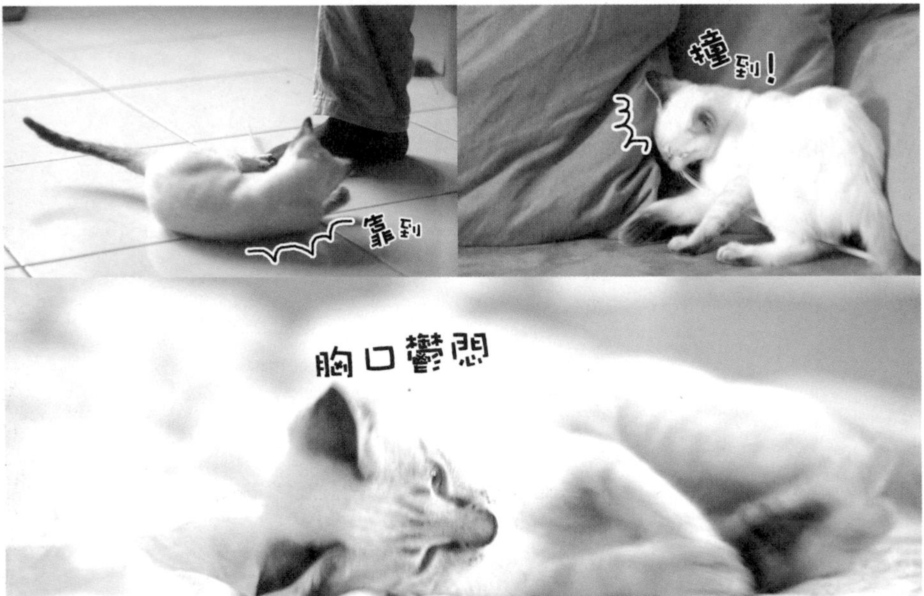

靠到

撞到！

胸口鬱悶

強力

鐵牛運功散

阮阿母攏買這味乎我呷……

愛附湯匙喔

椰果：襪免作兵…不過，

我常常去"徿"到…

所以，

我阿母買了這個給我補身體…

我阿母還說，平平吃飼料，襪奈攏昧大摳…

伊講，改天要買"六呎四"乎我呷…

專業馬朵…奶茶公主

入行拍照已三年多，無論什麼時候，
只要kenty一拿起相機，我就會毫不猶豫的
用我最閃亮的眼睛看著鏡頭。
要拍美一點喔！

奶茶 繪日記

有人問我，為什麼都可以拍出，
像奶茶那種圓滾滾的眼睛呢？

奶茶，看這裡。

為什麼呢？

因為，
我也是用這種眼神在看他們。

我想要台高檔相機

我要出寫真集

我要罐頭

柚子節 不知何年何月開始，中秋節便成了烤肉節…

奶茶，
又要到中秋節了…

對啊！

那…今年…

嗯！我往年都扮兔子啦！
不過！今年…多了椰果.

今年….該扮什麼了ㄟ…

喂..柚子….
我想扮兔子

可是…
已經有兔子了阿…

我不管！
不然我要把
兔子吃掉..

不死心的椰果咬著兔子不放...
可憐啊...

中秋節快樂

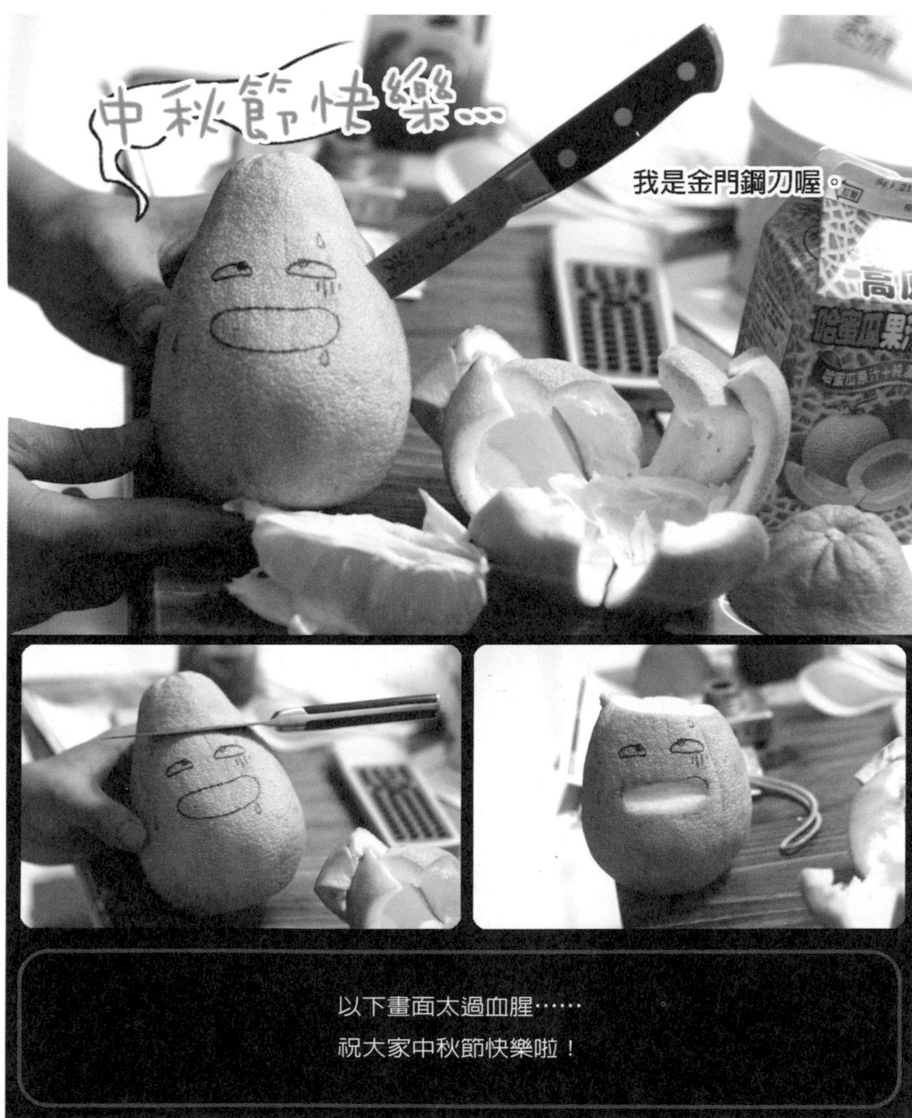

奶茶絵記

貓貓都有嘔吐的習慣，
把舔進去的毛吐出來，
因避免清理的麻煩，
我們都會盡量在第一時間處理。

椰奶打架篇

每次奶茶跟椰果打架，
奶茶都會叫得很大聲
這時，
kenty就會出來主持正義了

不過，
kenty喊出來的第一句話
都是：椰果，你不要再欺
負奶茶了！

嗚！你倆都不愛我！
我不是你親生的！

椰奶大戰　第一集

哼!!

奶茶我要跟你挑戰

椰果神功第一式

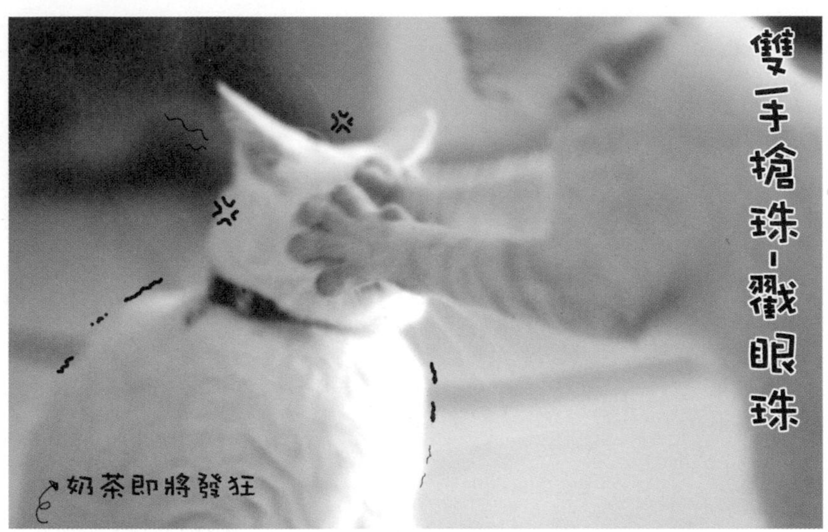

在椰果戳奶茶眼睛的同時，奶茶的戰鬥力指數達到臨界點……

奶茶已經受不了這種侮辱……

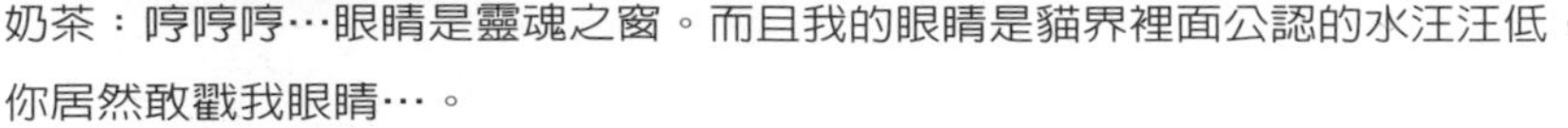

奶茶：哼哼哼…眼睛是靈魂之窗。而且我的眼睛是貓界裡面公認的水汪汪低，你居然敢戳我眼睛…。

就這樣，因為椰果的體型略遜奶茶一籌，所以，一下子就被奶茶扳倒在地。

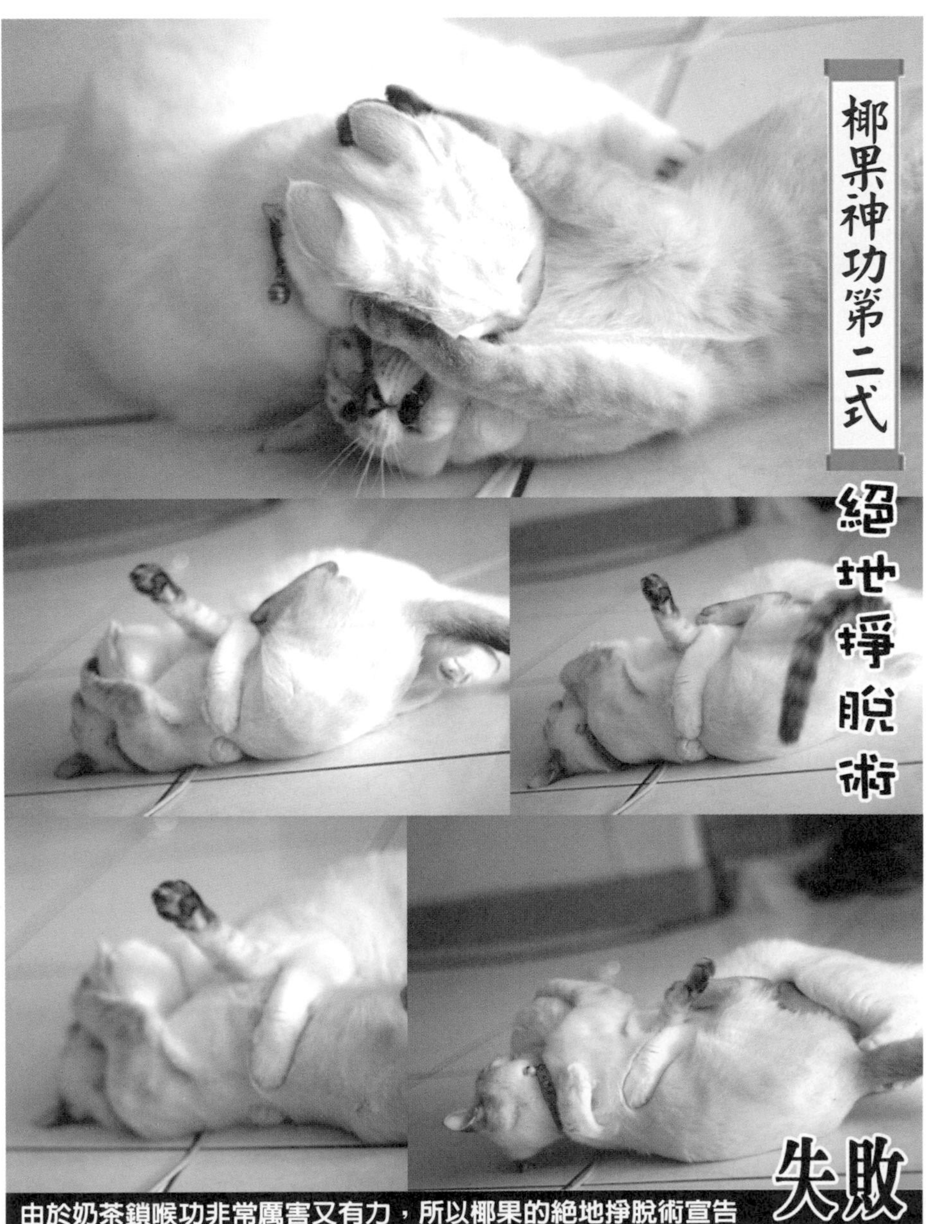

由於奶茶鎖喉功非常厲害又有力，所以椰果的絕地掙脫術宣告

椰奶大戰　第二集

椰果神功第三式

聲東擊西

奶茶絕招_蛇行刁手

好想逃跑，
不想玩了。

椰奶大戰 之最好的時光

各位看官！在椰奶大戰第三集上演前先緩和一下緊張的氣氛吧！

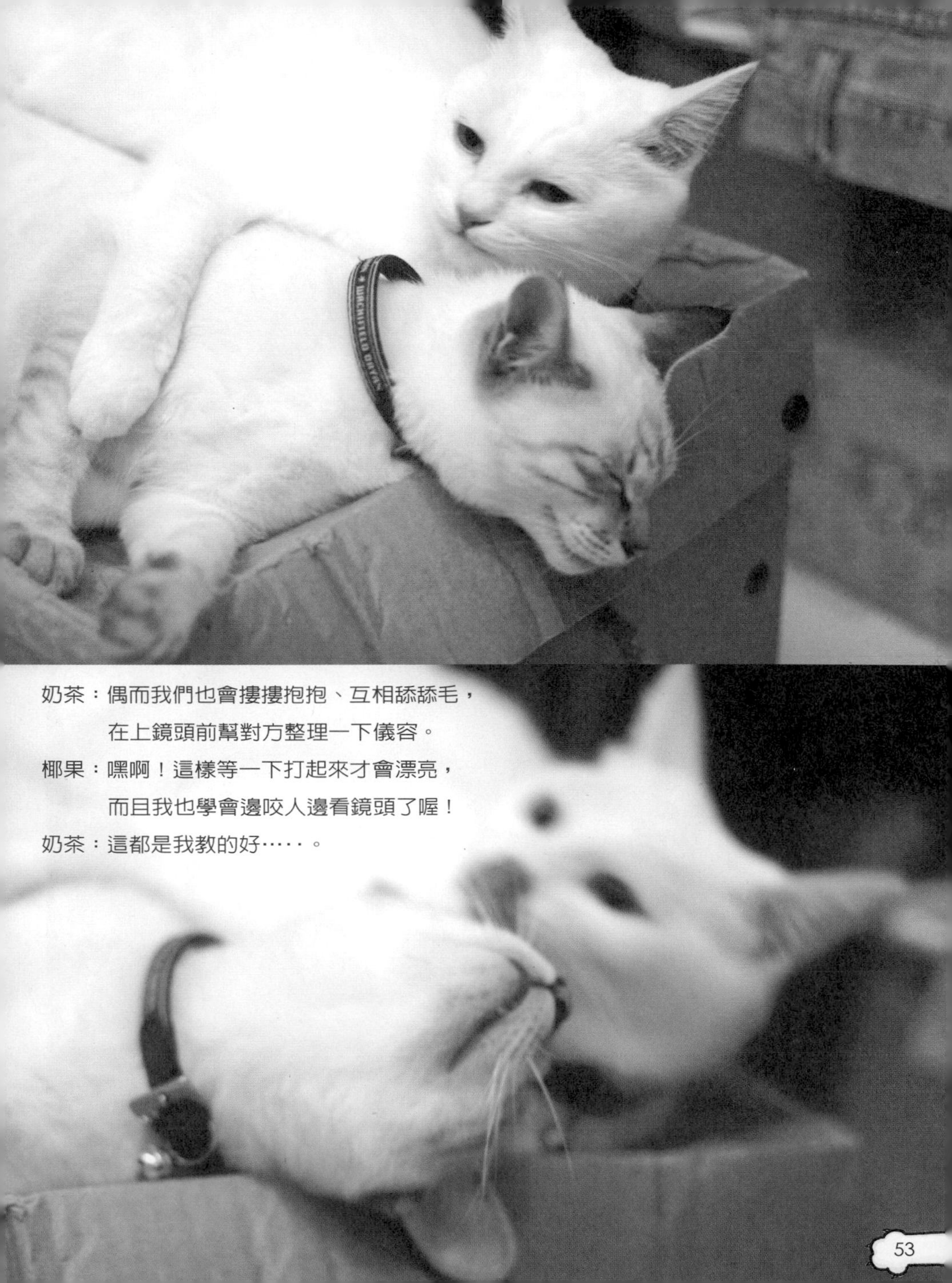

奶茶：偶而我們也會摟摟抱抱、互相舔舔毛，
在上鏡頭前幫對方整理一下儀容。
椰果：嘿啊！這樣等一下打起來才會漂亮，
而且我也學會邊咬人邊看鏡頭了喔！
奶茶：這都是我教的好⋯⋯。

椰奶大戰　完結篇

椰奶大戰・第三集・

根據影評協會的統計：第三集的劇情都很爛。
所以，抱歉啦！米那桑！
不過，為了答謝奶茶粉絲的熱情迴響，
我棉就算硬撐，也要把這部戲給演完。

開打啦！

椰果：再讓我戳一次眼睛！
奶茶：你敢戳我眼睛，我一定讓你死得很難看。

奶茶使出：超級裝可愛翻滾絕招

我滾！我滾！
我再滾…

椰果：哼！裝什麼可愛！

幕後花絮…（後台休息室）

呼…拍戲真辛苦！

不過…
還是謝謝大家的支持囉！

戰鬥結束洗香香

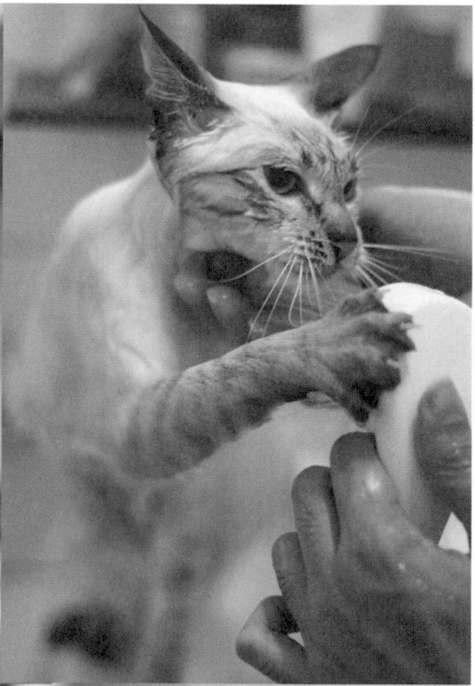

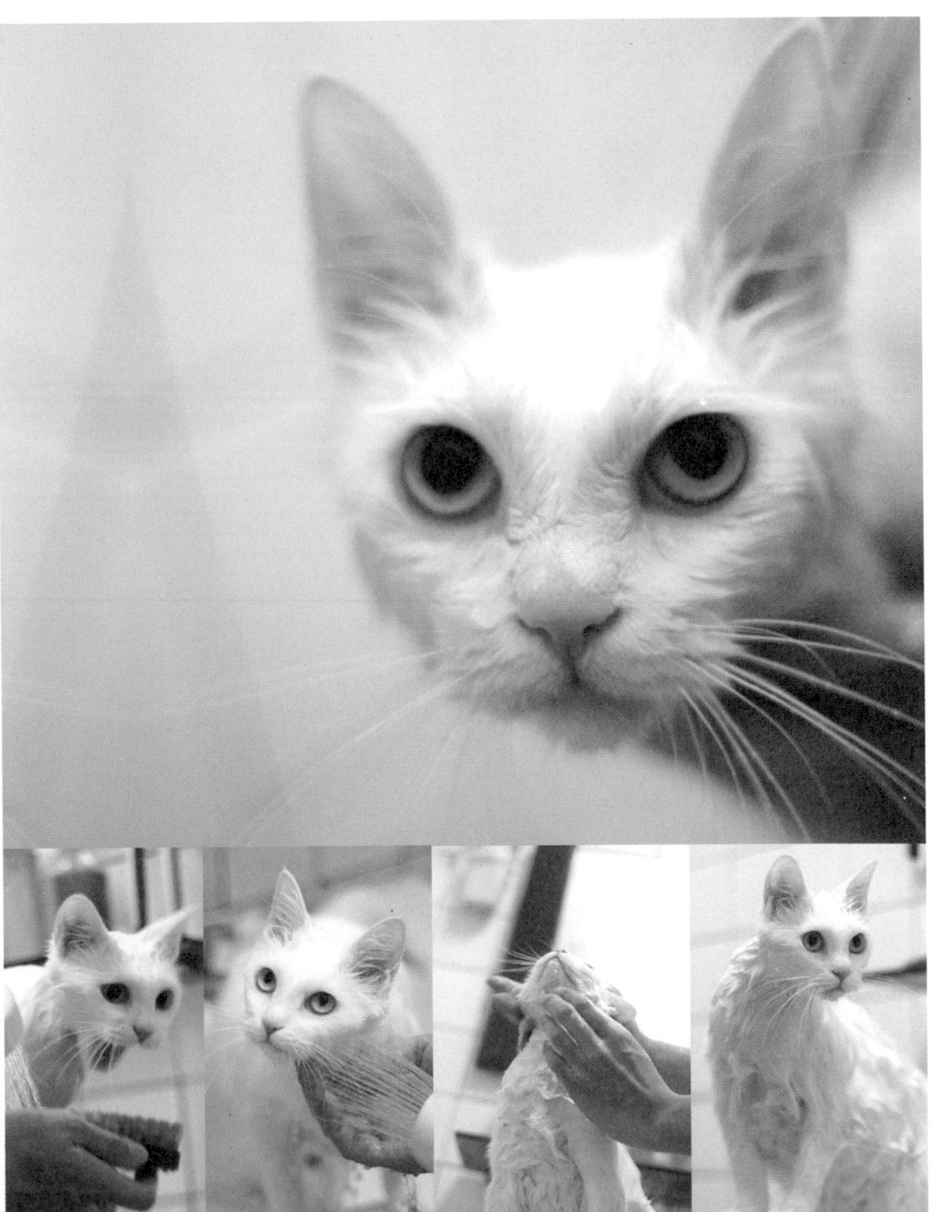

奶茶之軟骨功

奶茶：我今天要表演的是....

超級軟骨功

一隻腳先進去

嘿…剩下尾巴…
呀比！軟骨神功…
完成！

奶茶公主的華麗睡姿

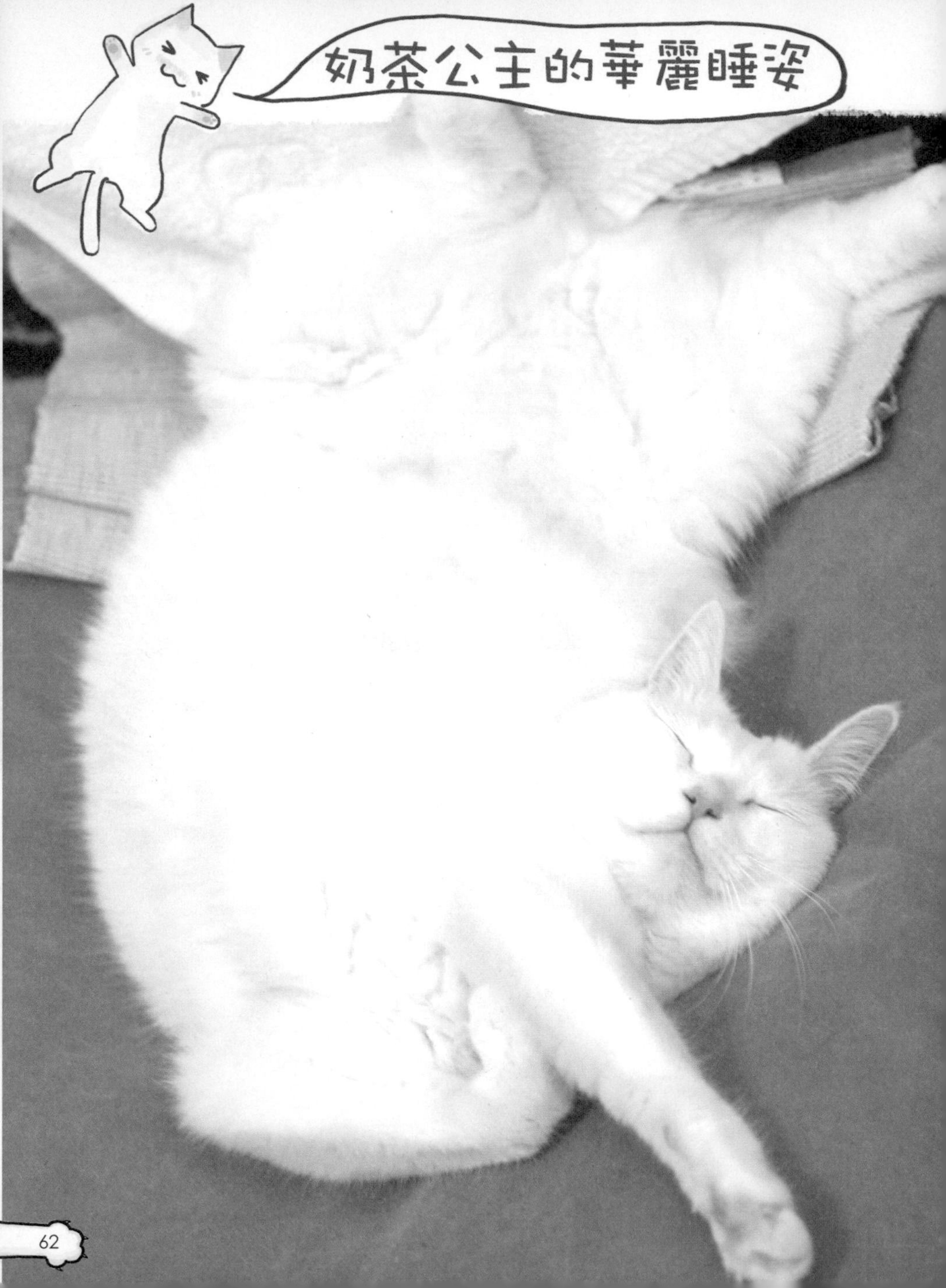

奶茶流口水

奶茶口水

其實，我還好啦！
kenty才噁心哩！
他常常把半個
枕頭弄濕哩！

真不好意思

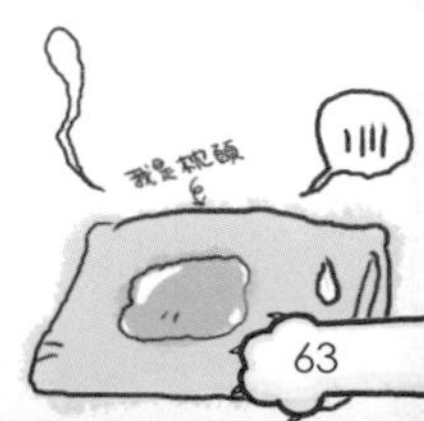

奶茶。生氣

奶茶
絵記
恩..好像很恐怖...
哇
kenty.
我們來玩...

特製椰奶扭蛋

哼！

是不是有人在笑我胖啊！

椰果

奶茶

限量發行

超級無敵可愛隱藏版

圍巾選美賽

奶茶
我跟你換紅圍巾好不好？
不要
你戴紅圍巾不好看啦！
給我戴啦！
不要！
不要！

要你管
給我戴啦！給我戴啦！…
小紅給你戴，你的
雙下巴都出來了！
…………
火大
火大
阿良，
人家也好想要小紅圍巾喔！
阿果，貓要知足啊！
你看阿棉什麼都沒有

注意事項：
手要"撐"住奶茶肥肥的肚子..

注意事項：
使用前先練好腳不麻神功..

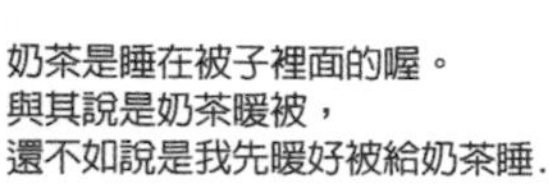

奶茶是睡在被子裡面的喔。
與其說是奶茶暖被，
還不如說是我先暖好被給奶茶睡..

奶茶
絵記
kenty的一天....
AM 09:30
AM 11:00
PM 07:00
PM 08:00
奶茶，你今天好嗎？
精神奕奕
還不錯啊！

麻將三缺一

三隻貓可以做什麼...

碰
阿棉
三萬
恩~~不算啦！
我放錯了啦！

我不管啦，我要重新抽牌
胡了！

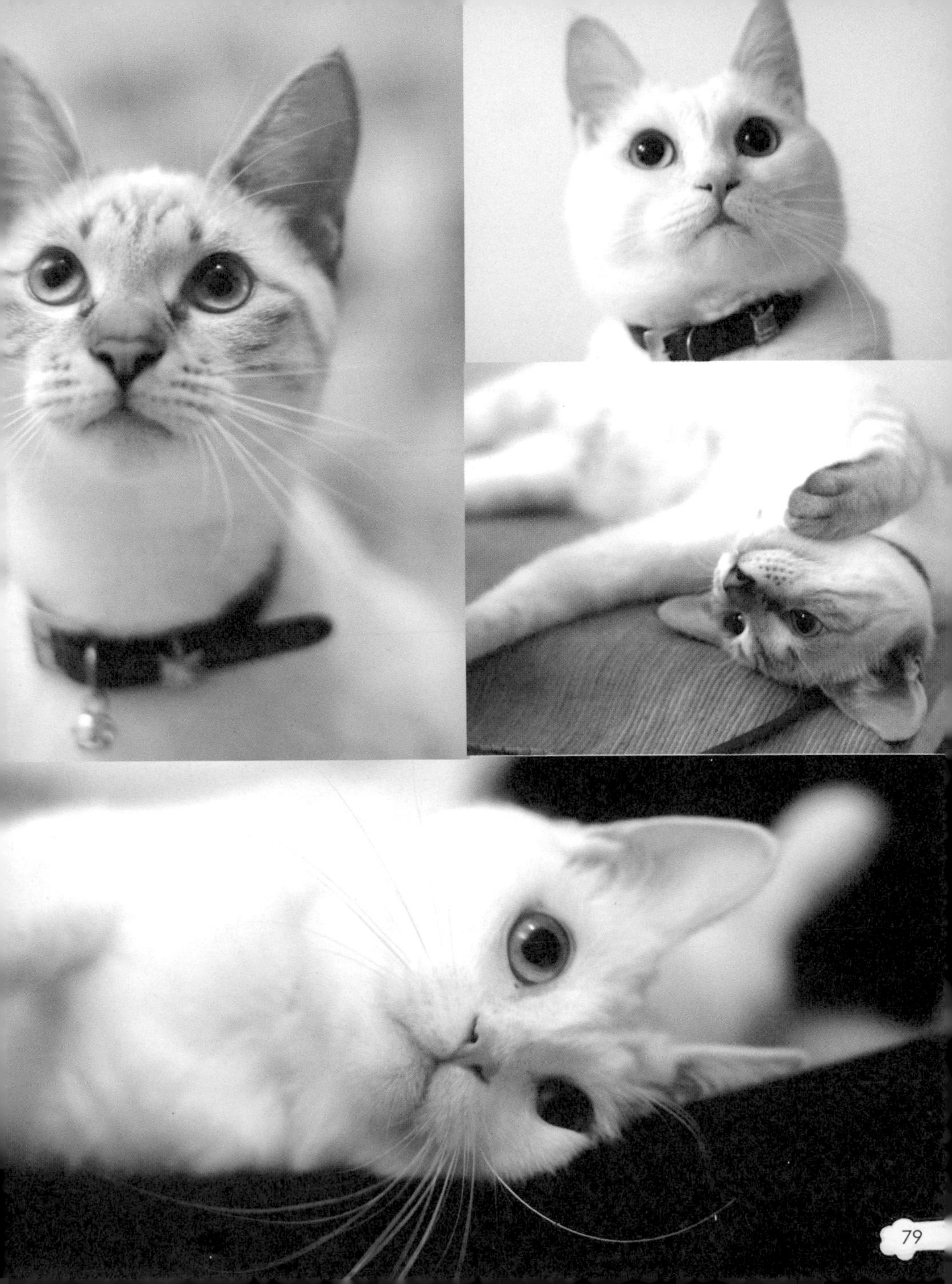

冬天來了，一起取暖最溫馨

讓我湊一腳嘛

嘩！好溫暖

以為很溫馨對不對…其實不是的…

事實上原本兩隻喵睡得好好地…

阿果路過看到了…硬要去湊一腳…

哼！哼！哼！
羨慕我吧。

奶茶
絵記
阿棉！
你都不會冷喔！
我是心寒拉！
我都沒有自己的圍巾。
你真要難過啦！
我脫下來借你戴一下
奶茶的
二手貨
奶茶室友
感動！感動！
還不錯啊！
我終於有
自己的圍巾了
為什麼！我就是麋鹿

我要圍巾啦！

我不要戴麋鹿角

到底！是誰？

跟Kenty說我戴這樣
很可愛..
害我天天都要戴
這個麋鹿角

ㄎ弟，你幫我拿下來好不好？
拜託你囉！

K弟：可是我也覺得你戴著很可愛啊！
阿果！其實你這樣戴..
真的蠻可愛的..
哼！我叫Kenty也給你戴一個，你就知道我的苦了。

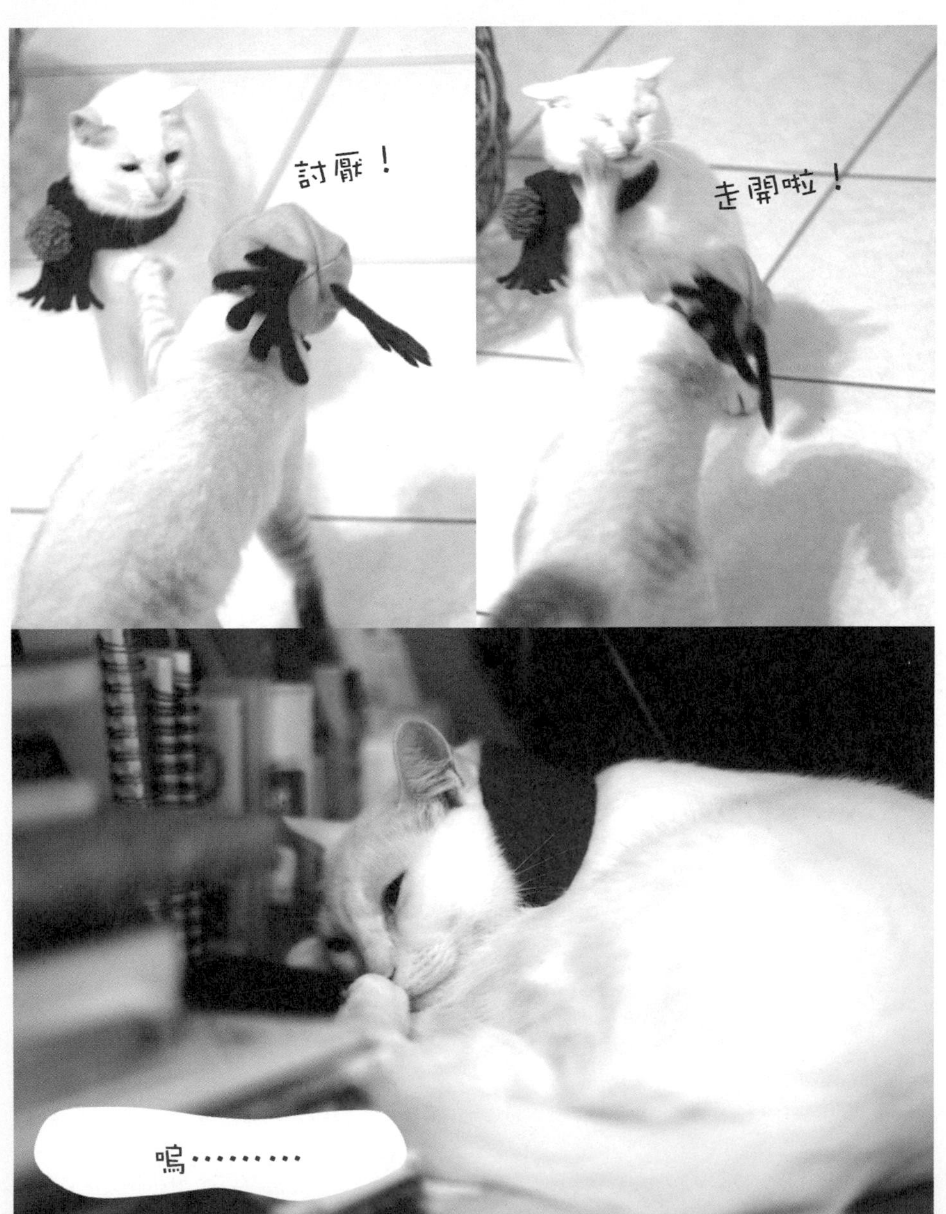
討厭！
走開啦！
嗚………

椰果尿床

阿果又開始耍賴了。

kenty:最好是我尿的啦。奶茶，替我好好教訓他。

新年新希望

阿果——

叢瞎！

Kenty：阿果，2006年你有什麼願望和計畫啊！

計畫。願望

嗯.....

奶茶
絵記
喵.喵..(kenty..)
下意識自動打開披子
暖烘烘
暖烘烘
冬天有奶茶
一起睡真好

椰果暴衝

椰果都會自己一隻貓玩暴衝。
因為奶茶跑不動，就會在旁邊
看著椰果..

訪客日

訪客日

01.07 北極熊+酷+虎+Playful+芮塔

 **聽說今天有‘人’要來我棉家喔！**

 **喔！他們是要來看我的嘛！**

朝聖日！

自從椰果來了之後，奶茶公主個性就變了，
也沒有像以前那樣親人了，奶茶，你不要跟貓計較啦！
椰果是養來取悅你的。

阿果踩著小虎（髒兮兮貓窩）的相機。
是 D70喔！還有好大一管大砲！

秉持著當事人不想曝光又想讓大家知道他們是誰的狀況下，kenty都有做相片的特殊處理，讓大家都知道他棉是誰。

酷：阿果，你真聰明。戴麋鹿角來跟姨拍照勒。

椰果結紮記

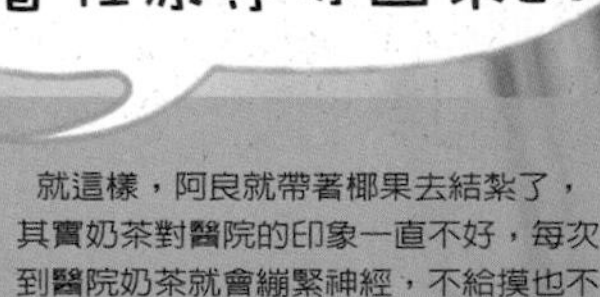

就這樣，阿良就帶著椰果去結紮了，其實奶茶對醫院的印象一直不好，每次到醫院奶茶就會繃緊神經，不給摸也不給抱。

Kenty也對奶茶去結紮，有深深的虧欠，當初奶茶去結紮是中午送去動物醫院。到了晚上去接奶茶時，看見奶茶在籠子裡，躺著，嘴開開，還流著口水，奶茶看見我來了，努力的想爬起來，走向我。但是奶茶的麻藥還沒退，要站根本站不起來。

為什麼要結紮？結紮好阿。貓貓壽命會比較長喔！

再見了！春天。

椰果到了醫院就先打了止口水的藥，接下來才打麻醉藥，
麻藥打後5分鐘，應該藥效就會發作。
阿果很厲害！麻藥打後十分鐘，阿果努力撐著。
醫生助理也覺得阿果很厲害。
助理：阿果，你很厲害喔！你酒量很好喔。
　　　你晚上都有偷喝酒喔！
阿果：哼！還好啦！我可是人稱夜店女王勒！千杯不醉！
　　　越夜越美麗哩！這點小麻藥算什麼！
接著，醫生又給阿果補了一針(少少劑量)......
阿果還撐了一下下才倒！迷昏大象也不過如此！

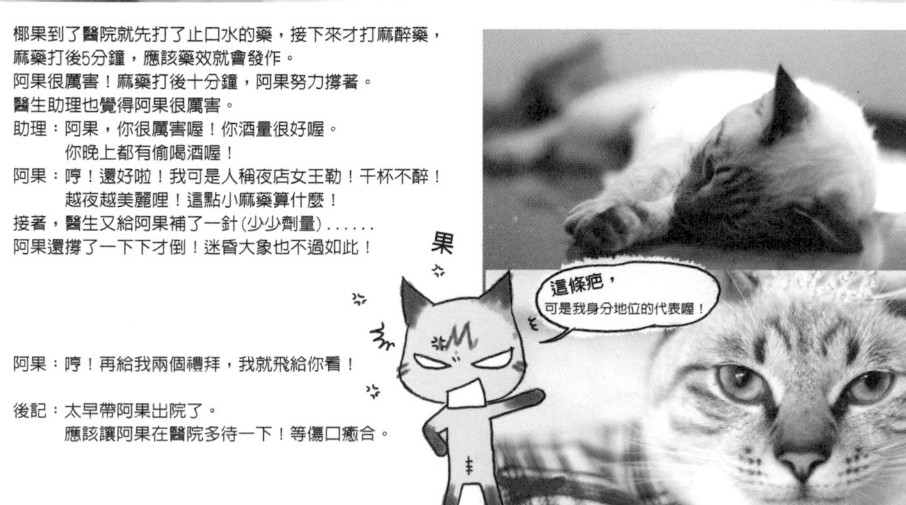

阿果：哼！再給我兩個禮拜，我就飛給你看！

後記：太早帶阿果出院了。
　　　應該讓阿果在醫院多待一下！等傷口癒合。

奶茶
絵記
快寫快寫..
不然又要被ann阿姨唸囉..
寫玩囉..
Esc
安全性資訊
你確定要清除？
是(Y)
還我拉…我沒有要清除拉…
人家寫的很辛苦的……
(奶茶抓狂中…)

奶茶公主提醒大家：
請小心ESC鍵

奶茶絵記

奶茶你最近在幹麻..
都沒有認真寫日記..
←Ann
瞎密.
你看看..很多留言都沒回..
可是我都有在看阿..
貓眼攝魂法...
沒有回也沒關係...
我幫你回...
←Ann

椰果結紮記 Part 2

因為阿果戴頭套很不舒服，又怕阿果一直去舔傷口。
所以，阿良拿Kenty n年前的衣服幫阿果縫了件緊身衣。(純手工喔！)
因為奶茶當初也縫了一件，所以，阿果也要有一件囉。
家裡有貓貓結紮的家長們，也可以縫一件，拿不要穿的棉質舊衣服就可以囉。

好難過喔！
www.tvmedia.com.tw/

賢内助教室

1.歡迎來到『賢内助教室』
今天為您示範如何製作貓咪結紮後的護理衣

漫畫：阿良　示範：阿果

3.可以拿長袖衣服，或小一點的T恤，會比較方便製作。

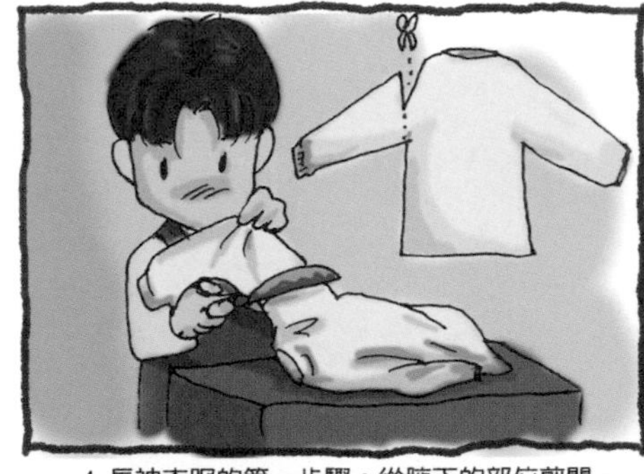

4.長袖衣服的第一步驟：從腋下的部位剪開。

5.小T恤的做法就是剪到只剩一面，其餘不要。

6.把剪成的布對折用針線縫合。

注意：要反過來縫，邊線才會好看。

7.對準寵物四肢的位置，拉起，剪出四個洞。

阿果的新衣

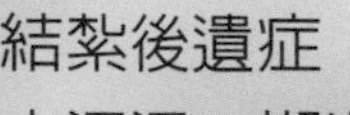

椰果：哼哼哼！這點小傷不算什麼。
我阿果什麼大場面沒見過啊！
奶茶：就不知道是誰喔，嚇到沒力氣走路。

結紮後遺症：
水汪汪、懶洋洋的14天～

椰果復活了！

沉寂了兩個禮拜的阿果，在過去的這14天，

我真懷疑醫生是不是在幫椰果結紮時，

順便把椰果的膽子也給割掉了。

這幾天椰果除了睡覺吃飯外，完全沒有活力，

看人的眼神，都是水汪汪的。

超不習慣哩。

Kenty：嗚！把頑皮的椰果還給我啦。

現在奶茶都比椰果活潑很多呢！

奶茶：阿果，你好遜喔。

雖然阿果還是穿著緊身衣，他依然活力四射。

我…
肥來啦！

椰果的白日夢

奶茶的一天

早上5:00起床。
這時kenty是屬於昏死狀態

AM:6:00

AM:7:00　做早操!

AM:8:00

AM:8:50

你很難叫吧!

AM:9:05

kenty通常在刷完牙才會清醒。

kenty一緊張就會慌亂。

椰奶拳

椰奶數字拳
沒有
五
十
你出慢了
五

阿果難得會贏奶茶

椰果：耶！我贏了！
　　　你今天的罐頭是我的了！

奶茶：..............................

kenty：可是，罐頭吃完了耶！

春暖花開，奶茶賞花去。

原本是上紗帽山去聚餐，想說，既然要上山就順便帶奶茶去去戶外拍拍照吧。
kenty也有點小路痴，把陽明山跟紗帽山混在一起。為了找好看的櫻花樹在紗帽山繞來繞去，眼看天色已晚，就找棵樹拍拍先。
然後，我們回到華納區，才發現，原來華納影城附近就有一排櫻花樹。......

吃草貓

套句鮮奶廣告的台詞：草哪好！“牛”最知道。
看我們家「奶茶」這種吃像，不難發現這草真的很不錯喔！
其實，奶茶吃的這種草，是俗稱《貓草》的植物。
主要是要給貓咪吃來幫助消化用的啦，因為他們平常會舔自己的毛，難免會吞了一些毛在肚子裡，然後造成腸胃堵塞不舒服。
所以，三不五時就會吐一些毛出來(看過史瑞克2的人可以回想一下)，可是常常這樣嘔吐，對貓咪本身是不好的，久了反而會讓貓咪的腸胃和身體產生負擔，就跟人有事沒事在那邊吐啊吐的，早晚肝都給你吐出來了，更別說膽汁了…。ㄜ……扯太遠了！！

總之，這《貓草》是讓貓咪吃下去後，幫助他們把肚子裡的毛，經由消化道排泄出來，就是這樣。

而且，現在寵物店都有在賣已經幫你種好的貓草喔，一盆60塊，不知道我這次會不會又買貴被ㄎㄥ了….。
不過，這樣一盆倒是蠻方便的，不用去買種子回來種，那一種需要兩三個禮拜才長得出草來，更何況種不種得活又是另外一回事了。
在下我就失敗過好幾次…嗚…。

現在，

我可以很驕傲的對奶茶說：『盡量吃，不夠再去買！』

流浪貓應有的態度

他叫「小菊」，是一隻公的流浪貓
體重估計：大概四公斤多
個性：活潑、善良、又很愛親近人

身為一隻流浪貓應該有的態度是：
1.眼觀四面
(有人來餵，要衝第一；有人來抓，要溜第一)
2.父代母職
(不論你是公貓母貓，有小貓肚子餓，就是要餵他，這點～小菊～可是不遑多讓)

小菊是在Kenty家附近(做麵條的老闆家)出沒，目前年齡大概是兩歲(以人類的算法)，跟著小菊在一起廝混的還有其他小貓，分別是~~

貓

小牛

小花

流浪貓特攻隊

他們都有一個共通的本事，就是「不怕人，會跟著人走」。所以，他們在這一帶已經闖出一點名號了，很多鄰居或是路人，都經常會餵他們吃東西，包括Kenty和奶茶，只要走路經過他們的地盤，一定會像磁鐵一樣，一下子腳邊就吸了三四隻貓，一路跟著你喵喵叫，試問：有誰能受得了這種「橡皮糖」攻勢呢。

當然是馬上衝回家，抓了一大把的飼料回來孝敬他們囉。

而且，我們現在都學乖了，只要有打算出門經過他們的地盤，就會先把飼料準備好帶在身上，以備不時之需，甚至，有時還會專門跑出去餵他們呢。

其實，這邊的流浪貓已經世代交替好幾輪了，也一直都有很多善心人士在餵食，雖然有些貓長大後就不見了，有些被帶回去養，有些聽說是被流浪動物收容中心抓走(下場都不好~)不過，這些貓一直都是很相信人類、也把人類當朋友的，我希望他們都能平平安安活在與人共存的世界裡，更希望每個人都善待任何生命！！

小
小捲
老貓

貓找海豚寫序

跟我拍戀香的奶茶出書了？！初聽到這個消息時愣了一下，心中不免懷疑，難道奶茶不僅是一隻靈貓，還會拿筆？還是口述？書的內容是跟命理有關嗎？！
呵呵…開玩笑啦！其實早聽奶茶爸說奶茶在網路上已經小有名氣了。

我跟奶茶第一次接觸是在拍「戀香」，當時因為劇情需要一隻會算命的靈貓，用水晶球來算一算我和女主角兩人的未來；當時初見到奶茶，就覺他靈氣十足，雪白的毛色，大大的眼睛而且還陰陽眼，拍動物和嬰兒是最難拍的，不過就奶茶而言，他算是貓界的專業明星吧！在拍攝現場絲毫沒有怯場感覺，還能讓我們這樣一次又一次的拍，好像知道攝影師、燈光師的辛苦，我懷疑他連走位都記得了勒，呈現出來的感覺，觀眾應該有感到靈異的氣氛吧。這是我第一次和貓咪對戲，聽說也是奶茶的第一次演出，是一次很特別的演出經驗。

奶茶可說是隻幸運的貓咪，自從遇上了奶茶的貓爸及貓媽，從一隻流浪貓變美美的星貓，跟我一起拍戲之外，還將自己在網路上的日記、照片，集結成書，多了一個貓作家的身分，顯然奶茶在貓界和人界都很吃得開，很榮幸奶茶託我這個海豚作家寫序，只好打個廣告，彭于晏的海豚日記也不錯看喔！

奶茶出書後，會讓更多貓迷們知道他的芳蹤，讓不能上網的朋友更深入的認識他，希望大家都能愛護及尊重每個生命。最後，祝福奶茶出書大賣，再接再勵的出第二本、第三本，接著從台灣紅到全亞洲，這樣就可以跟可魯一樣拍部感人的片子囉！說不定未來還有機會能夠再跟奶茶一起合作，演出更多更好的作品。奶茶，我們一起努力囉！

寫於　2006/1/9 浙江　橫店　彭于晏

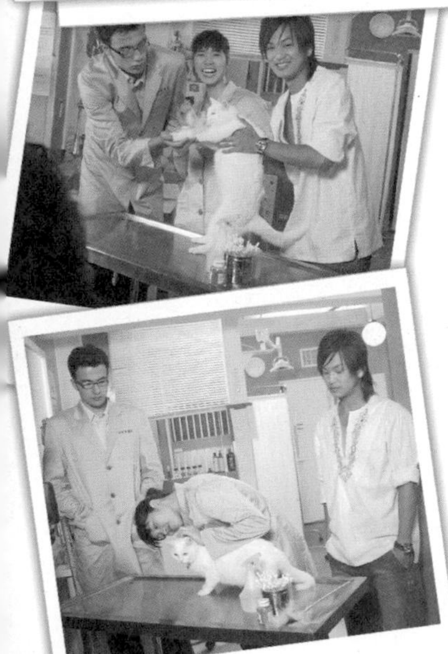

昨天.奶茶剛好又去拍戲囉...
因為是下班時間.所以我就義不容辭的報名當奶茶的助理..
知道我的寵物老公演員主角有黃志偉.我就已經心花怒放很久..
哎..怎麼說我也老大不小了.怎麼會對偶像還有興趣ㄋ...
不過不過...他可是我引發了我猶如少女般的花癡情懷...
我自己也超級厭惡這時的自己...不過當我看到他的瞬間...
腦筋只剩下一片空白.
覺得他的身邊有粉紅色的光暈和不知哪裡漂來的粉紅色愛心...
這時我被友人的一席話打醒..."超齡追星族"....
頓時間讓我從天堂下到了地獄...回歸現實...

我收起了花痴般的情懷開始專心幫奶茶拍攝拍片紀錄
當然..我還是一直在偷拍男主角...呵呵...
拍攝到晚上1點多..奶茶的戲份拍完了.
他們接著到下一場去拍攝..
工作人員和演員是很辛苦的ㄋㄟ.為他們替我們拍攝好看的電視鼓掌吧.

8
阿良，我們帶回去養吧！
9
不行！
10
別再養貓了！
你之前在家裡養了一堆孔雀魚，沒照顧都掛了。
11
你看他的眼睛顏色不一樣耶！
嗯！
12
你把他放著，會有人來撿的！

1

從沒有想過我會變成"貓奴一族"

貓草

貓沙

貓罐頭

2

2002. 3. 22
是和奶茶相遇的日子..

3

那天，小秦和小慧來找我們吃飯。

kenty　阿良　小秦　小慧

走在半路上，突然....
kenty發現路邊衝出一隻貓。

白色小貓不斷對著我們叫。

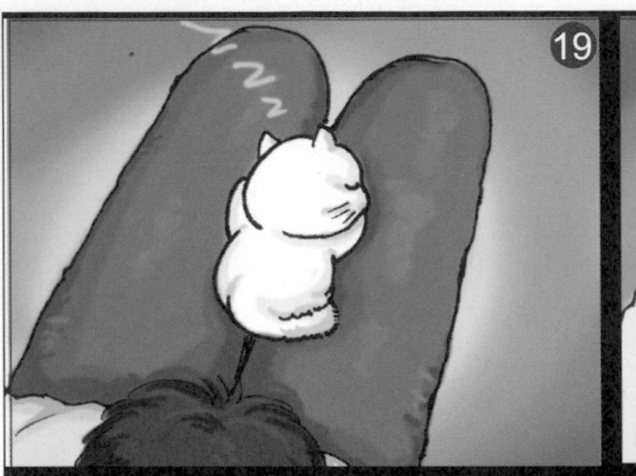

將他放在大腿上，沒一會功夫
他就安穩的呼呼大睡起來...

順手就把小貓抱了起來，

一直到這頓飯吃完，都還
安安穩穩的睡著。

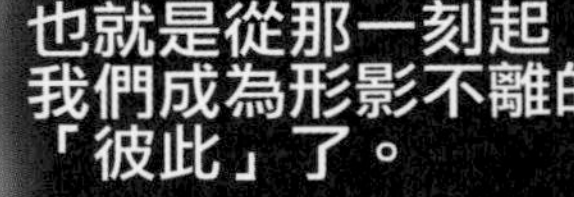

也就是從那一刻起，
我們成為形影不離的
「彼此」了。

小貓，你要好好保重..

就這樣，又把小貓放回了路邊。

才一坐下來沒多久又傳來貓叫聲！

喵！喵！

原來是剛才那隻小貓竟然跟來了！

楊大慶 導演

從事影像創作這麼多年，靈貓「奶茶」算起來應該是跟我合作最多次的動物演員了：第一部是「戀香」，另一部是「家有菲菲」。

當初在拍攝戀香的時候，原先中意的是另外一隻波斯貓，不過後來陰錯陽差，那隻波斯貓就在要開始拍的前幾天跟著主人移民到美國去了，這時候工作人員找來另一隻貓，也就是奶茶，原本還擔心說在太過匆促的狀況下沒有辦法很仔細的挑選出比較能上鏡頭和好控制的貓，而且當天拍攝的時候還有其他兩隻大狗一隻小狗，可以想見的拍攝現場將是一場貓飛狗跳的情況出現。

出乎意料的，在一屋子的工作人員和大狗環視的攝影棚內，奶茶在整場戲裡倒是出奇的鎮定，除了因為要配合拍攝需要用食物引誘他走位之外，在鏡頭前面的表現倒真像隻靈貓，戲份比其他大狗多的奶茶很順利的拍完；也許這是因為奶茶天生聽力受損，反而讓他比其他貓更不會害怕陌生的環境，奶茶很有當演員的資質。天生的殘疾似乎也給了他另一方面成就的機會。

在事隔不到一年沒想到緊接著在第二部戲馬上又有合作的機會了。這次奶茶的戲份又比之前多了，在「家有菲菲」劇情裡奶茶是許瑋甯(女主角)的愛貓，更是男女主角之間的吐露心事的對象，尤其，有一場跟藍正龍(男主角)在房間對著貓咪自言自語的那場戲，在光線和氣氛條件都很好的狀況下，男主角對著貓咪說出自己心理糾纏在兩個女主角之間的內心感受的同時，奶茶又適時的對著男主角喵喵的叫了幾聲，感覺就像是在安慰男主角一樣，讓整場戲更充滿張力，看來奶茶對演戲越來越得心應手了。

現今的傳播媒體已經是不侷限在固定的模式裡了，網路儼然已成為新興的傳播管道了，而奶茶也藉由部落格另外發展出了另一片天，相信未來奶茶的行情會持續看漲，也祝奶茶的書能夠大賣，也期待以後還有和奶茶合作的機會。

奶茶朋友說：

奶茶：貓的迷人之處在於你們自信、自愛，你們相信自己獨一無二，懂得保持最佳狀態。
即使不具血統，依然散發皇室貴族氣息，妳帶著曾經流浪的神秘經歷來到Kenty家，從此便是我們的Queen。

聽說了藍綠眼白貓有先天基因缺陷，聽不見凡間嘈雜之音。
無怪乎Kenty老說，貓友見妳得像文武百官上朝般圍著妳跪，若能當面與妳四目相對，我也願意進行神聖的朝拜儀式。
某些人得知白貓的寧靜世界同情了起來，「聽不到花花世界的聲響好無趣啊！」怎會？
貓是如此嫻靜優雅，多數時候只嫌吵。
尤其是白貓，潔淨無瑕、雍容華貴，每一步都是巨星般的移動，令人目光緊緊相隨。
正因為聽不見，妳不曾被路旁的喇叭聲嚇得驚惶，也不因颱風夜的風雨呼嘯而踉蹌竄躲。
正因為聽不見，妳的形象得以永遠保持身為貓的高度格調。

望著妳皇后般的儀態，我忍不住卑微乞求起來：何時有幸能帶我家摩摩去拜倒妳的蛋糕裙下呢？

酷的貓網站　http://blog.sina.com.tw/mycats_2/

貓奴：奶茶的室友

我是奶茶的室友，如果是「奶茶的大小事」的常客們，應該就對我不陌生了。大家一定都很羨慕我每天可以跟奶茶和椰果住在一起，天天跟他們抱抱和揉揉。不瞞您說，我就是這個樣子，請你們繼續羨慕我這個幸福指數破表的室友吧！呵呵呵（笑聲不絕於耳）

我當奶茶的室友已經二年多了，原本我並不喜歡「貓」這種動物，因為以前住在士林夜市附近時，那裡的街貓把街坊的巷弄搞得只有「臭」字可以形容。而當時我們租在2F，貓咪們根本就把我們的陽台當成家，到處撒尿與便便，還有吃剩的魚骨頭咧。即使我勤奮的用水和刷子刷洗陽台八百遍，那臭味依然揮散不去。更狠的是他們還有打群架的習慣，所以想看到一隻身體健全沒疤的貓其實並不容易，其中一隻全身花色像生鏽螺絲的貓還是獨眼龍呢！到了春天夜晚更了不起了，半夜的貓叫春更是擾得我想大開殺戒。

就這樣，我們因為野貓的關係搬離了士林。之後在新莊也住了差不多有四年，後來因為經濟不景氣，房東要把房子收回去，而我只好再次開始找房子。找房子要找到非常滿意的並不容易，有一天，同事姚屁屁跟我說她的好朋友Kenty在找室友，而且家中還有一隻可愛得不得了的貓咪喔！姚屁屁的眼中發出少女漫畫般閃閃亮亮的眼神，不難看出她也是愛貓一族，因為愛貓一族的特徵就是「凡是看到貓咪的照片和相關事物不管可不可愛，都會露出極不可思議的語調說：『好可愛喔 』」。說時遲那時快，姚屁屁把奶茶在網路上的照片一張一張show給我看。她繼續帶著夢幻的語調跟我說：「可愛吧」！

奶茶的室友

第一次見到奶茶本尊，是SARS期間，每個人都還得戴著口罩上捷運，因為地址不熟的關係，我走了將近十個公車站牌才到奶茶家。在腿快斷掉的同時，一隻雪白色的貓咪就在奶茶爸身後冒了出來。帶著一臉好奇小跑步，他跑到我面前來，而且開始咬著我手上的口罩玩。這是我第一次和奶茶見面。第二次見面差不多隔了快一個月吧，是我確定要住進來後。這次我穿了一件牛仔褲，奶茶見到我，

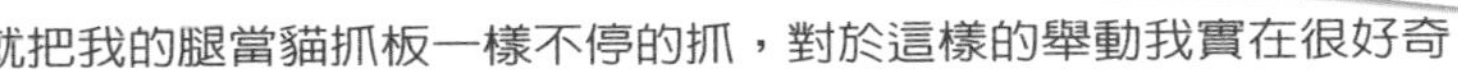

就把我的腿當貓抓板一樣不停的抓，對於這樣的舉動我實在很好奇。後來朋友私下問我，你覺得那隻貓怎麼樣，我很誠實的跟她說：「是我可以接受的長相」。

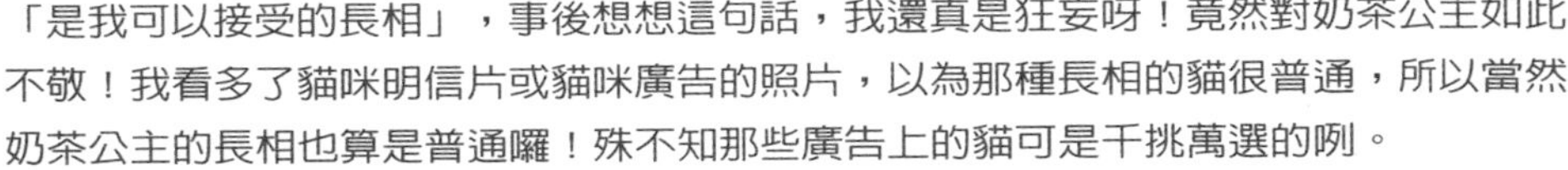

「是我可以接受的長相」，事後想想這句話，我還真是狂妄呀！竟然對奶茶公主如此不敬！我看多了貓咪明信片或貓咪廣告的照片，以為那種長相的貓很普通，所以當然奶茶公主的長相也算是普通囉！殊不知那些廣告上的貓可是千挑萬選的咧。

奶茶公主在我住進來後依然大搖大擺的進出我的房間，曾經有一陣子，我為了要討好奶茶公主，我用電鋼琴彈了幾首曲子表示善意，但奶茶卻不領情的一點反應都沒有；另外，有時候我從背後叫奶茶的名字，她卻完全的不理我。

從前我只聽說貓咪是高傲的動物，
現在才了解原來真的是這樣。
久而久之和她混熟後，才發現這不是她的高傲，而是因為她耳朵有問題。

現在走在路上，看到一些小野貓，我已經會留幾眼給他們了，雖然我還不是愛貓一族，但已經可以接受醜貓的照片了，嘿嘿嘿。

奶茶的室友

奶茶的室友來跟大家分享一下

閃亮亮小公主 御用傭人守則

一、 公主吐完毛後的喵喵叫，翻成白話文是「來人呀！清一下地板吧」，這時下人要第一時間幫公主清掃完畢。

二、 公主如廁完畢後的喵喵叫，翻成白話文是「來人呀！清一下廁所吧」，這時下人要第一時間把廁所挖乾淨。

三、 公主在傭人房門前的喵喵叫，翻成白話文是「來人呀！開門讓公主進去休息吧」，這時下人要第一時間把房門打開，不得無禮。

奶茶的室友

奶茶的室友來跟大家分享一下

閃亮亮小公主御用傭人守則

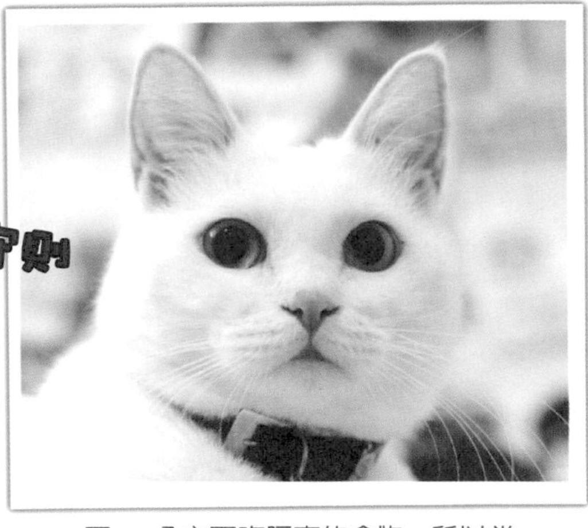

、 公主把御用杯咬起丟下發出匡噹一聲，翻成白話文是「來人呀！口渴了」。這時要拿出上好的水來幫公主倒下去，如果倒普通的自來水，公主一聞就知道，喝都不喝，只用無辜雙眼一直電你。

五、 公主不吃隔夜的食物，所以當公主肚子餓時，記得要倒新鮮的貓食，不然又會被無辜雙眼電到不行了。

六、 公主愛乾淨，所以公主常躺的地方要定期吸貓毛，不然公主就要跑去別地方了。

事實上公主也不是只要人伺候不懂回報的：只要下人出門前，公主一定會高雅的送你到門口；下人回家時公主也會遠遠衝過來喵喵叫表示歡迎；下人跟公主玩揉揉時也不會反抗，這樣子我就心滿意足的當奶茶公主的下人啦！

貓奴Kenty之開心冤大頭

各位〈狗奴才貓奴才〉：

不用你們說我也知道，大家平常一定呵護您們家的寶貝無微不至到有點讓周遭的朋友受不了的地步了吧！然後，聽到別人說：你會不會太寵你家的寶貝啊....，這一類的話時，反而有點開心，接著又會故意裝作毫不在意的回一句：還..還好吧！呵呵..到底寵不寵咧...？YOU KOWN I KOWN....。

以下一則小故事先貢獻給大家分享一下吧！

話說呢，我們家那『閃亮亮的美少女貓』最近迷上了玩雷射光筆，每天等我們回到家，只要他一睡醒，眼睛睜開第一件要做的事，就是跳到床上的棉被中間，喵阿喵的…！一定要喵到我們放下手邊的工作，拿起雷射筆在棉被上繞阿繞的，讓他像兔子一樣追著那紅紅的光點跳，這種情形持續了將近一個月，..苦啊！(我說我們啦)

上禮拜的某一天，晚上十一點左右，『美少女貓』又開始喵喵叫，吵著要玩《她累我苦的遊戲》了，雖然說他今天已經玩過好幾輪了，但還是ㄠˊ不過他那柔情攻勢，只好再拿出雷射筆陪他玩一下囉，誰知這時那雷射光點竟然慢慢給熄掉了，喔..想說這可是天意阿，〔奶茶大姐〕，不是我不陪你玩，是這雷射筆自己要沒電的，你今晚可不可以找點別的興趣做阿，想也知道是不行阿，接下來，每五秒叫一聲，叫的我心都亂了，拗不過啦....，兩個人急忙換件衣服，開車出去找雷射光筆的電池。午夜十一點...，繞了好幾圈，就是買不到那種超小型的電池，便利商店沒有，難得還沒關的水電行也沒有，眼鏡行也沒有..，天啊！這下回去怎麼交代阿！後來，經水電行指點，可以去鐘錶行問看看，所以趕忙跑到夜市去找鐘錶行，果真皇天不赴苦心人，讓我們找到一家還沒休息的鐘錶店，花了四百塊買了四顆手錶專用的電池，兩個人就開開心心的回家繼續跟那嗷嗷待『玩的寶貝繼續那未實現的遊戲勒。心裡還一直感激那間開到很晚的鐘錶行，它救了一個有可能破碎的家庭。感恩阿～～

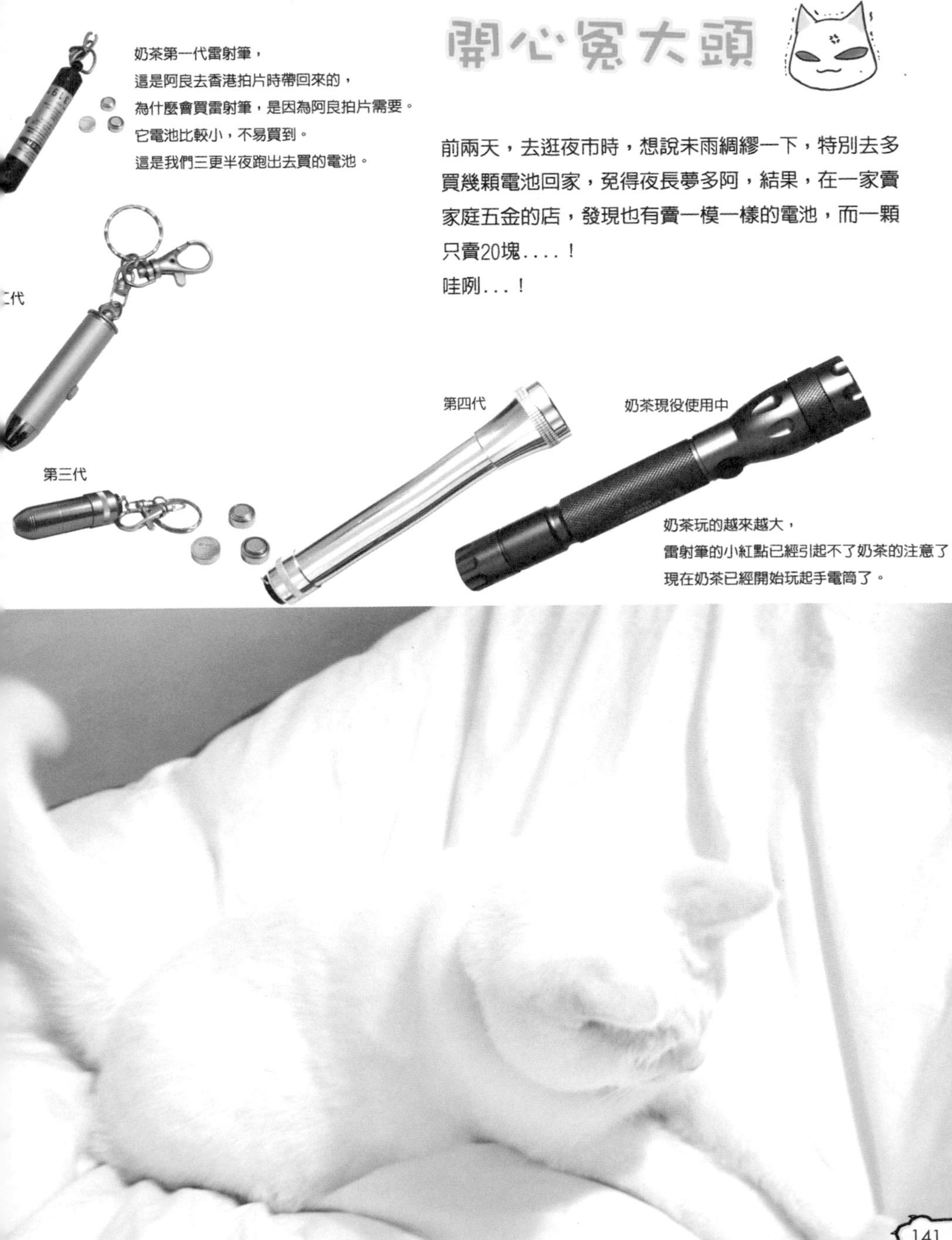

奶茶第一代雷射筆，
這是阿良去香港拍片時帶回來的，
為什麼會買雷射筆，是因為阿良拍片需要。
它電池比較小，不易買到。
這是我們三更半夜跑出去買的電池。

開心冤大頭

前兩天，去逛夜市時，想說未雨綢繆一下，特別去多買幾顆電池回家，免得夜長夢多阿，結果，在一家賣家庭五金的店，發現也有賣一模一樣的電池，而一顆只賣20塊....！

哇咧...！

二代

第三代

第四代

奶茶現役使用中

奶茶玩的越來越大，
雷射筆的小紅點已經引起不了奶茶的注意了。
現在奶茶已經開始玩起手電筒了。

有人問阿。
我都是怎麼養貓的！
奶茶和椰果，
怎麼可以養的這麼可愛。

我是用愛在灌溉

這次奶茶大小事出書我首先要感謝 高寶出版社

給我這個機會，謝謝啦！

首先，我要感謝的人有"ANN"因為他是奶茶書最初的推手，

每天監督我要寫日記！

再來就是要感謝 奶茶 了，因為有他，我的生命才完整。

不要問我…奶茶是什麼品種的貓！

奶茶是我從路邊撿回來的 我也不知道他是什麼品種的貓，

不過，他的外型一點都 不像流浪貓。

所以，想養貓的朋友們， 可以到住家的附近的巷口撿

就好囉！

還有阿，大家可以到流浪動物之家去領養喔！http://www.meetpets.idv.tw/

再來，我要感謝椰果，謝謝你在我上班的時候，幫我陪奶茶玩，

也謝謝我的家人(爸爸.媽媽.小宇.阿彰.小婷.)在我背後默默的支持我，

再來就是感謝我那群網貓狗友們，還有一群默默的潛水者，

一路從蕃薯藤寵物日記→無名→新浪 的眾貓友們。

感謝大家對奶茶熱情的支持與愛護，謝謝大家。

Kenty＋奶茶＋椰果

NW 新視野031

喵的！部落格：奶茶的大小事

作　　者：奶茶
攝　　影：Kenty
編　　輯：江麗秋、李欣蓉、李國祥、楊惠琪、蘇芳毓
校　　對：編輯群
出 版 者　：英屬維京群島商高寶國際有限公司台灣分公司
Global Group Holdings, Ltd.
地　　址：台北市內湖區新明路174巷15號1樓
網　　址：gobooks.com.tw
E－mail　：readers@sitak.com.tw＜讀者服務部＞
Pr@sitak.com.tw＜公關諮詢部＞
電　　話：(02) 2791-1197　2791-8621
電　　傳：出版部（02）2795-5824
行銷部（02）2795-5825
郵政劃撥：19394552
戶　　名：英屬維京群島商高寶國際有限公司台灣分公司
初版日期：2006年3月
發　　行：高寶書版集團發行/Printed in Taiwan

國家圖書館出版品預行編目資料

喵的!部落格 : 奶茶的大小事 / 奶茶著 ;Kenty攝影.
-- 初版. -- 臺北市 : 高寶國際, 2006[民95]
面 ; 公分. -- (NW新視野 ; 31)

ISBN 986-7088-21-2(平裝)

1. 貓 - 文集

437.67　　95001504